橋口リカ

四季を楽しむミニ盆栽

手のひらにのる小さな自然

mini bonsai

「ミニ盆栽」は、小さな鉢で植物を育て、愛でて楽しみます。
鉢の中には、その樹ならではの物語があります。
盆栽を見る際に大事なことは
鉢に入った樹木の姿を、四季のうつろいとともに
“自然の景色”として見るということ。
どこから見たら、その物語と景色が見えるのだろう……。

険しい山の中で生きているもの
大草原に悠々と生きるもの
日陰で育つもの、山の尾根で育つもの、雪山で育つもの
タネから芽を出し、これから生きていくもの
その樹木の生い立ちを想像し
将来、どのような姿にしたいのかを考えながら育てます。

枝を切るときも
その枝を切ったことで見えてくる新たな姿と
その枝を切ったことで次に出てくる枝を想像しながら
その樹と向かい合うこと。
どうしたらこの樹形になるのだろう、と考えてみるのも楽しい。
こんなに永く、深く時間を共有できるものって
ほかにあるかしら……と私は思います。

幼いころに見た自然の風景
ケヤキ、カエデ、イチョウ、モミジ、クヌギ
いつもは見上げている大きな樹木が
こんな小さな鉢の中でのびのびと生きている姿は
頼もしく、愛おしい存在だと感じます。

この本では、ミニ盆栽の四季折々の美しい姿や、
私がおすすめする愛らしい植物たちを紹介するとともに、
永く美しく育てるためのポイントをまとめました。
鉢に入った「小さな自然」の魅力を感じ、
植物を育てる喜びをより多くの方に知っていただけると幸いです。

soboku
橋口リカ

もくじ

第1章

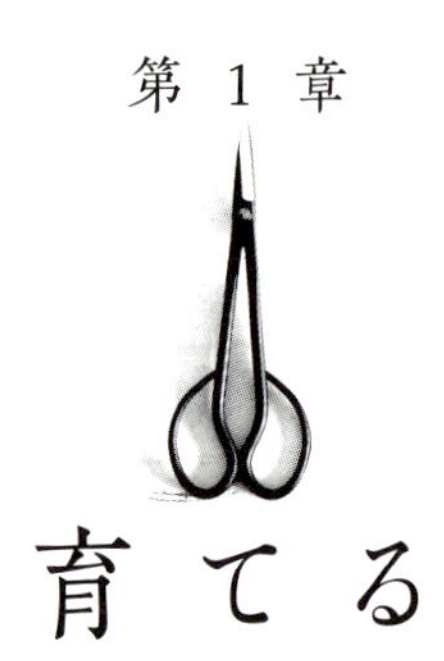

育てる

第2章

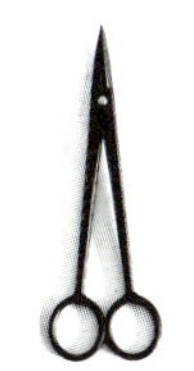

人気植物

第3章

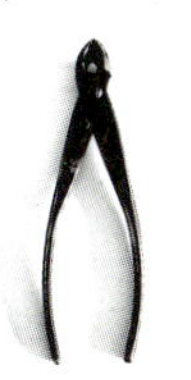

アレンジ

＊育て方の時期については東京都を基準にしています。その年の気候や天候によって変わりますので、生育状況に合わせてお手入れしましょう。

おおきな木だと思ったら…

管理の仕方　水をはった容器に鉢全体を沈めて、気泡が出なくなるまで浸けて下さい。基本は乾いたらたっぷり水をあげる事です。室内の場合は毎日１回の水やりを目安にして下さい。

長期外出の場合　まず、水をたっぷりあげてから鉢全体をビニール袋などで包み、木の根元で結んで下さい。風通しの良い、半日陰になる場所に置いて下さい。高温や一日中日陰、西日の当たる場所は避けて下さい。この際、苔が黒くなったりする場合があります。この方法は３週間位が限度です。

置く場所　基本的に日当たり・風通しの良い所を好みますが、苔などは半日陰や優しい光を好みます。また、小品に仕立てていますので、真夏の日差しなどは水枯れ、葉焼けの原因にもなります。窓辺や明るい室内で柔らかな風に当てて下さい。日の当たらない室内に置く場合は週に 2~3 度、窓辺や明るい場所に置き、5~6 時間ほど日に当てて下さい。また、エアコン等の風に直接当たると乾燥しやすくなるのでご注意下さい。

肥料　少なめにして与えすぎない様にするのが、小品盆栽を長く楽しむコツです。夏場・冬場を避けて月に１回程度、液肥を 500 ~1000 倍に薄めたもの等を与えるいいでしょう。

mini bonsai

ちいさな**盆栽**だった。

手のひらにのる

ミニチュアな植物。

ミニ盆栽は小さくても立派に生きています。
植物なので、ふだんは屋外で管理しますが
たまには、家に入れて飾ってあげると
愛おしさもひとしおです。
桜が咲いたら、お花見で一杯。

小さなスプーンにのせて。

テーブルにいろいろ並べて。

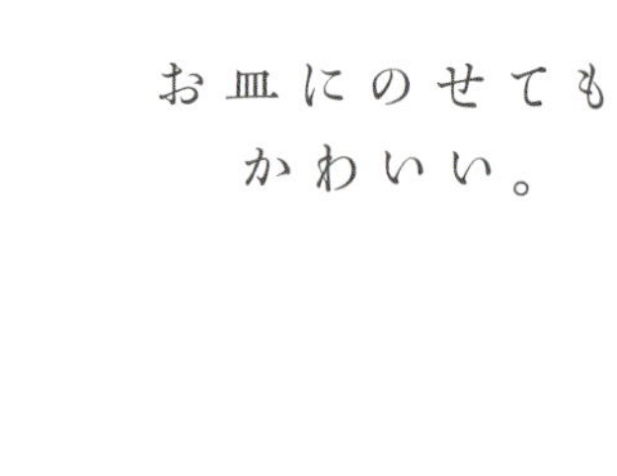

お皿にのせても
かわいい。

畳の間でも
さまになります。

鉢と一緒に並べて飾っても。

普通の鉢植え植物と違うところは、
なんといっても小さいところ。
ミニサイズのまま樹形を保ちつつ、
元気に育てるには、
適度な剪定や植え替えが必要です。
鉢の中で窮屈にならないように、
枝や葉、根を切り戻してあげれば
小さい鉢でものびのび生きられます。

剪定を続けることで、
サイズはコンパクトなのに
幹や枝がしっかりした、立派な樹に生長します。

はる

春は芽吹きの季節。
枝から、新芽がひょこひょこ飛び出します。
柔らかな春の光に当たって、
心地よさそう。
花芽も徐々に、
ふっくらと膨らんできます。

もう少し暖かくなってくると
花が一斉に咲き始めます。
こんな小さな鉢に植えられた植物でも、
艶やかに花を咲かせる姿を見ると
なんだか、生きるエネルギーを
もらえます。

なつ

初夏になると、生長のエネルギーは高まり、
みずみずしい若葉がどんどん出てきて、
新緑に覆われます。
草ものや雑草も育ち盛りです。
梅雨の時期には、たっぷりと水を浴びて、
さらに葉を茂らせます。

だんだんと日差しが強くなり、
植物にとっても厳しい夏がやってきます。
水やりは1日2回。
乾いたら与える、を基準に、
ときには3〜4回やることも。

土の量が少ないので、
注意して見ていないと
すぐに水枯れを起こしてしまいます。

あき

厳しい夏が過ぎ、気づくと空気が変わって、
秋の風を感じるようになります。
植物もその気配を感じ、
衣替えのように
次第に葉を色づかせます。

秋晴れの青空、暖かい太陽を浴びて、
葉は日に日に赤みや黄みを増していき、
鮮やかな紅葉の時季を迎えます。

紅葉を愛でるのは、
四季と暮らす日本人にとっての醍醐味。

緑色だった実も次第に色づき、
まぶしいくらいの真っ赤な色に。

季節の移り変わりとともに、
植物もその姿を変えていきます。

ふゆ

寒さがだんだん厳しくなってくると
植物によっては
葉を落とすものもありますし、
冬の間も緑の葉を
保ち続けるものもあります。

そして、夏から秋にかけて蓄えた
花を咲かせるための力を、冬の間、保ち続けます。
また、初秋に色づいた実を、
春まで大切に
樹につけておくものもあります。

こうやって1年が過ぎ、5年が過ぎ、
20年が過ぎてもまだ、
しっかりとお手入れや剪定をしておけば、
ミニ盆栽は手のひらサイズのまま
元気に生き続けます。

何年も、何十年も経た植物は
幹がしっかりして、枝ぶりが個性的な、
小さいのに、風格のある存在になります。

第1章

ミニ盆栽

育てる

まずは、基本的な育て方と、剪定などの特別なお手入れについて紹介します。本書の盆栽は、ワイヤーなどで形を作らず、剪定によって自然な「曲げ」を作るため、一般的な仕立て方とは異なるところもありますが、その分、素朴でのびのびした枝ぶりを楽しめます。

四季の姿と年間のお手入れ

植物を育てる楽しみのひとつは、四季折々の姿を愛でること。
ここでは、人気の品種、アサヒヤマザクラの四季の姿を紹介するとともに、
年間を通してのお手入れについてまとめました。

3月中旬

つぼみが膨らむ

まだ寒さは残るものの、春の兆しが感じられる頃、ピンクのつぼみがふっくらとし始めます。徐々につぼみが大きくなる様子は、毎日見ていても飽きません。

3月下旬

開花する

アサヒヤマザクラは、サクラの中でも華やかな八重咲きの花を咲かせるので特に人気。毎年、花を咲かせやすく、育てやすい品種です。家の中でお花見を楽しみましょう。

4月中旬

花後のお手入れ

花が散った後に新芽が出始めます。花がらは根元から切りましょう。たまにさくらんぼもできるので、それは切らずに取っておいて、赤い実になるのを観察するのもよいでしょう。

花がらを切る

花が散ったら、花がらはすぐに根元から切ります。花がらを残しておくと、栄養が取られるので、樹を疲れさせることになります。

殺菌と殺虫

サクラには、アブラムシやカイガラムシ、ハダニがよくつきます。虫は見つけてからでもよいですが、殺菌・殺虫は適度に行いましょう。病害虫駆除についてはp.34参照。

肥料を与える

サクラは特に、肥料を必要とする植物です。葉が出てから7月末までは、来年の花芽をつけるために特に必要なので、欠かさないようにします。肥料についてはp.34参照。

5月中旬

伸びきった枝を剪定

花後、枝葉はどんどん生長します。ある程度伸びると生長は止まるので、伸び切ったところで、2〜3芽を残して全体的に剪定します。剪定についてはp.35参照。

間伸びしている枝なら、2芽で切ります。水が多いと間伸びします。葉が密集して枝が伸びていなければ切らなくてOK。

この時期にもう、来年の花芽を作ろうとしています。来年、どこから花を咲かせたいかを考えながら剪定するとよいでしょう。

6月中旬

花芽の確認

花後に伸びた枝を剪定したら、その後は特に剪定は必要ありません。太陽の光を浴びて葉はさらに青さを増すとともに、来年の花芽がしっかりとでき上がります。葉が秋の紅葉までついていることが大切。

10月下旬

紅葉と落葉

夏の間、肥料は必要ありませんが、9〜10月にはまた肥料を与えます。10月下旬頃に紅葉し始め、11月末にはすっかり葉が落ちます。この状態のまま冬を迎え、翌春の花を待ちわびます。

葉は赤みがかった色に紅葉します。紅葉する前に葉が落ちてしまう場合もありますが、花芽がしっかりついていたら、来年も花を咲かせてくれます。

落葉してしっかり花芽がついた状態。幹に近い枝の根元にたくさん花芽がついているほうが、花がこんもりと密集して咲き、美しい樹形になります。

ミニ盆栽の育て方

ミニ盆栽は、小さな盆（鉢）の中で育てます。こんな小さな鉢の中でよく植物が育つものだと思われるかもしれませんが、植物は、鉢のサイズに合った生長をします。根と枝葉の生長は比例するので、根を切り詰めて鉢に収めてあげると、出てくる葉も小さくなり、枝もそれほど伸びず、自然とコンパクトなサイズになります。とはいえ、枝が伸びすぎたり、大きな葉が出てきたりしたら、鉢とのバランスを考えて、適度に剪定するのも必要です。

植物は水と太陽が必要です。ミニ盆栽は雑貨のようなかわいさがあるので、家に飾っておきたい気持ちになりますが、太陽の光に当て、風通しのよい場所に置き、たっぷりと水をやりましょう。実や花をつけるものは特に肥料も必要です。

ミニ盆栽の魅力は、なんといっても小さくてかわいいところ。畑や大地でのびのびと育つ樹木とはまた違う、繊細で愛らしい魅力を持っています。そんな小さな植物を10年、20年……と永く育てていくうちに、サイズはコンパクトなまま、大木のような幹や枝を持つ立派な姿に育っていくのです。

苗について

一般的な園芸店では、ミニ盆栽用の小さな苗を豊富に扱っていないことも多いので、盆栽専門店や地域の即売会等で購入するのをおすすめします。近所に専門店がない場合は、インターネットのサイトで探すとよいでしょう。

一から始めたい人は、黒ポット入りの苗と鉢を購入して植えましょう。より手軽に始めたい方は、鉢に植えられた状態のものを育てていくのもよいと思います。鉢植えの商品は雑貨店などでも取り扱っています。

水やりについて

ミニ盆栽を育てるうえで、一番大切なのが水やりです。というのも、鉢が小さく、水はけのよい赤玉土を使っているため、水枯れしやすいのです。土が軽くてこぼれやすいので、ジョウロは細かいシャワー状になるものがおすすめ。

水やりは、鉢底から水が流れるまでたっぷりと。鉢底には水を溜めないようにします。1日に1〜2回、土の表面が乾いたらやるのが目安ですが、真夏は1日に3〜4回必要になることもあります。バケツに水を入れて浸し、鉢底から水を染み込ませても。

置き場所について

基本的に、植物は日当たりと風通しのよい場所に置くのが鉄則です。水やり後は、湿った状態が続かないよう、水はけのよいところに置きます。鑑賞するために室内に入れるのはよいですが、1日飾ったら2日は外に出すなど、定期的に日に当てるようにしてください。

真夏の直射日光に当たると葉が焼けやすいので、午後はよしずなどで日差しを和らげます。冬は、鉢土が凍るような場所なら、夜は発泡スチロールなどに入れてふたをして防寒し、霜に当たらないようにします。

肥料について

肥料には液体肥料と固形肥料がありますが、効き目が緩やかな固形の置き肥がおすすめです。花や実をつけるもの、バラ科の植物、マツ、ヒノキ類は特に肥料を欲します。草ものには特に必要ありません。花後から与え、真夏は避け、秋にも施すのが基本です。肥料が植物に当たると肥料焼けするので、なるべく離して置きます。

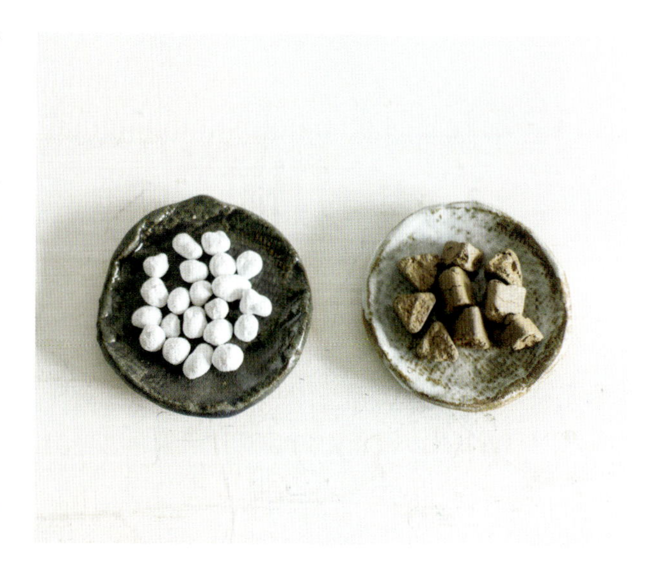

写真は右が天然素材を使った有機肥料、左はチッソ、リン酸、カリを人工的に配合した化成肥料で、配合比は、12-12-12や8-8-8のものがよいでしょう。化成肥料は肥料焼けしやすいので、量を加減して。直径9cmの鉢に2個が目安です。植え替え後2か月は避け、根づいてからやること。梅雨時期は雨で肥料が溶けるので、置き肥はしません。

肥料用ピックについて

肥料を入れて土に挿し、ピックの上から水をやります。肥料が直接土や植物に触れることなく、水をかけた後の乾きもよいので、必要以上に溶け出すこともありません。ピックは簡単に手作りでき、ワインのボトル栓などに30cm程度の長さのワイヤーを6〜7巻きしてカップ形に整えるだけ。いろいろな形で作ってみるのもよいでしょう。

病害虫の駆除について

害虫が発生したり、病気にかかってしまったりしたら、速やかに殺虫・殺菌しましょう。芽吹きや開花の時期、花後は定期的に予防するのも効果的です。カイガラムシ、アブラムシ、ハダニ、ウドンコ病などが発生しやすいです。

写真の左は、効果の強い化学合成薬剤なので、使用するときは体内に入らないように注意を。右は食品を原料にした自然派薬剤で、普段使いに安心して使えます。アブラムシには中性洗剤を薄めたものを霧吹きでスプレーするのも効果的。

剪定について

剪定は通常、春か秋に行い、その目的は、大きく分けて2つあります。ひとつは、節と節の間が長い徒長枝を切って、風通しよくコンパクトにすること。剪定することで脇芽が出て、葉数も増えます。このとき、基本的に2芽を残して切り戻します。切り詰めたいときは1芽を残して切ってもかまいません。樹の上から下の順に剪定するのが失敗しないポイントです。そしてもうひとつの剪定は、盆栽用語で「忌み枝」と呼ばれるものを切り、美しい樹形に整えること。以下に、「忌み枝」の代表を記しますので、こちらを参考に剪定してみてください。

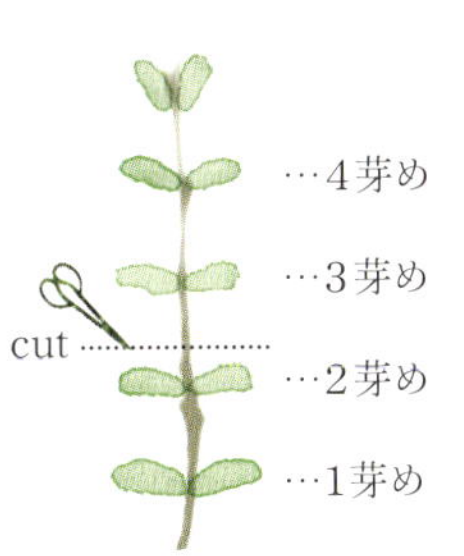

以上が剪定の基本ですが、植物はどれひとつ取っても同じ形はないため、剪定に正解も不正解もありません。ひとつ言えるのは、切った枝元の節から新しい芽が出てくるので、ここを切るとこの向きで枝が伸びてくるだろうと想定し、将来どういう形にしたいかを考えながら切ります。切るかどうか迷ったときには、一度置いて遠くから眺めてみるとよいでしょう。

「忌み枝」の代表例

- 枯れ枝は切る
- ひこばえ（株元から出る小さな枝。ヤゴともいう）は切る
- 交差枝（交差している枝）はどちらかを切る
- 立ち枝（まっすぐ天に向かって伸びた枝）は切る
- 下がり枝（まっすぐ地に向かって伸びた枝）は切る
- 車枝（同じ場所から3本以上出ている枝）は、2枝残して切る
- 胸突き枝（自分のほうにまっすぐ向かってくる枝）は切る
- かんぬき枝（主木から同じ高さで左右に出ている枝）は、どちらか1本を切る
- 主木の流れを邪魔する枝、反対側に伸びる枝は切る

道具について

剪定など日々のお手入れに使う道具、植えつけや植え替えに使う道具を紹介します。植物自体が小さいため、道具も小さめで小回りのきくものを選ぶとよいでしょう。いい道具を選ぶと、植物も喜び、お手入れも楽しくなります。

剪定に使う道具

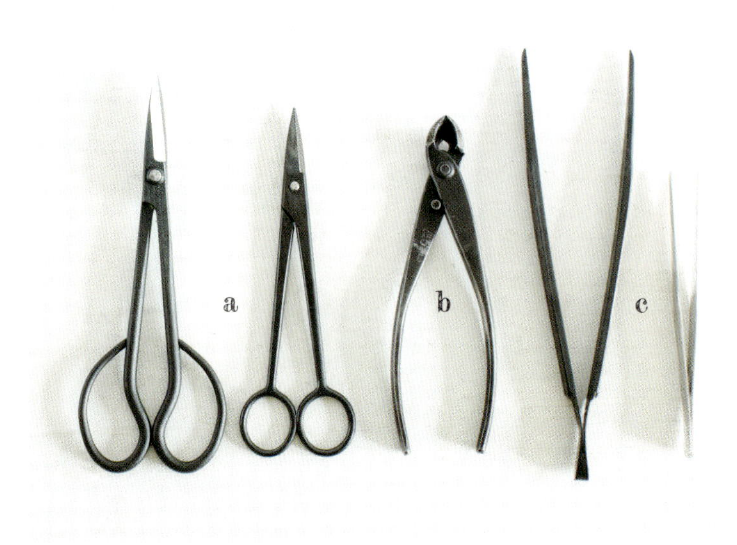

植えつけ・植え替えに使う道具

a　小枝切りバサミ
細い枝や葉などを切るハサミは2種を使い分けています。左は通常の剪定に、右はゴヨウマツの芽切りなど、細かい部分の剪定に使用。いずれも「八木光」の鉄製のものです。

b　又枝切りバサミ
3つに分かれた枝の中央を切るほか、小枝切りバサミで切れないような太い枝を切るときにも使います。これも「八木光」のもの。ハサミは切れ味がよいほうが、植物を傷めつけません。

c　ピンセット
ピンセットも用途によって大小を使い分けています。雑草の掃除など大まかな作業には、左の鉄製の大きなものを使用。右のステンレスのミニサイズのものは、コケをはるときなど、細かい作業で使います。

d　ワイヤー
鉢底ネットを固定するときや、根を鉢に固定するときに使います。柔らかいアルミ製のものが使いやすいです。

e　鉢底ネット
鉢底から土がこぼれないために使います。穴のサイズに合わせてカットして使いましょう。

f　竹串
植えつけや植え替えで、根についた土をほぐすときに使います。また、鉢に土を入れた後、竹串で土を差して根のすき間にまんべんなく土を入れます。

g　土入れ
土を入れるためのスコップです。大小いろいろありますが、小さな鉢に入れるときは、サイズに合った小さいものが使いやすいです。

h　シュロぼうき
剪定や植え替えなどの作業で出た葉や土を掃除する道具。シュロ製のミニサイズのほうきがあると便利です。

i　ペンチ
植えつけや植え替えの際、ワイヤーで株を固定するときに、ペンチでワイヤーをねじって締めるようにして固定させます。

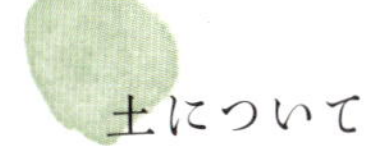

土について

水はけのよい土を使います。基本となる赤玉土だけで植えてもよいですが、水はけをよくするために、桐生砂や富士砂を混ぜるとよいでしょう。3色を混ぜると色合いもきれいです。また、白や黒の土は表面を美しく彩る化粧砂としても使われます。

a 赤玉土／園芸で広く使われる基本の土で、通気性、保水性、保肥性にすぐれています。ミニ盆栽には粒の小さいもの（小粒）を使いますが、底に敷く鉢底石としては、中粒を使用。

b 桐生砂／水はけをよくするために赤玉に混ぜる土で、水もちもよい。次第に崩れて砂状になっていくため、頻繁に植え替えをするものに使うとよいでしょう。鹿沼土も似たような色と性質をもちます。

c 富士砂／桐生砂と同様、水はけをよくするために混ぜる土。粒子が崩れにくいので頻繁に植え替えをしないものにも適します。

土の混ぜ合わせ方

基本の配合は、赤玉土6：桐生砂2：富士砂2。マツやヒノキ類は水はけがよい土を好むので、砂を多めに入れます。桐生砂と富士砂はどちらかひとつでも大丈夫です。

コケについて

ミニ盆栽を鉢に植えた後、土の表面にコケをはると見映えがよく、かわいさがぐっと増します。ただし、コケは根づきにくく、土の乾きの状態がわかりにくくなるため、特別なときにはるか、定期的にはり替えるものとして扱うとよいでしょう。

コケにはいろいろな種類があり、園芸店や盆栽専門店で購入できます。写真で紹介しているホソバオキナゴケ（ヤマゴケa）、フデゴケ（b）、ハマキゴケ（c）が扱いやすくおすすめです。

鉢について

鉢には大きさや形、色合いなどが豊富で、植物とのバランスを見て選びます。たとえば、ひょろっと縦に長い植物は高さのある細長い鉢に、左右にボリュームのある植物は背の低い平鉢に入れるとバランスがよく、マツやヒノキ類は土ものの器に入れるのが基本です。

作家ものの鉢、アンティークの鉢、指先にのるほどの極小の鉢など、鉢の世界は奥が深く、コレクターも少なくありません。

植えつけと植え替え

ポット苗を鉢に植えつけるときや、根が張ってきた株の根を切り戻して、新しい土に植え替えるときの作業を紹介します。
基本的には春か秋に行い、夏場と冬場は避けましょう。

1

ポット苗や鉢に入っている株を取り出し、ピンセットで土をおおまかにほぐす。根を傷つけないよう、根に沿ってやさしく扱う。

2

細かい根のすき間は、竹串や爪楊枝で丁寧にほぐしていく。ほぐす作業は、土が乾いているほうがやりやすい。

3

土をほぐし終わった状態。太い根や細い根がかなり張っている。

4

古くなった太い根は切る。特に真ん中からまっすぐ下に伸びた根は不要なのでカット。

5

細い根は残すが、切ることでそこから新しい根が複数出てくるので、長いものは切って根数を増やす。

6

鉢に合わせて根を切り戻した状態。根元の高さがそろい、四方八方に出ている状態（これを「根張りがよい」という）にする。

7

鉢底ネットを鉢の穴に合わせて切り、ネットを固定させるためのワイヤーを写真のような形に曲げておく。

8

ワイヤーの両端を垂直に曲げ、ネットの上から鉢底穴に通す。

9

鉢底に出たワイヤーを曲げて、鉢に沿わせて固定する。

10

長めに切ったワイヤーを鉢底から通し、鉢の内側に沿わせる。

11

底に赤玉土の中粒を薄く敷く。底に中粒の土を入れることで通気性と排水性をよくし、根腐れを防ぐ。

12

株を置き、赤玉土の小粒を入れる。p.37を参考に土をブレンドしてもよい。

13

根の間に土が入るように、竹串や割り箸などを差す。

14

両側から出ているワイヤーを幹の根元でねじって留め、余分な長さはカットする。

15

ペンチでさらにきつくねじって締め、固定させる。

16

ワイヤーの先端を土の中に入れる。

17

シャワーでたっぷりと水をかける。下から土色の水が出てくるが、これがなくなって透明になるまでかける。

18

でき上がり。右ページのように、これにコケをはって仕上げてもよい。

コケをはる

植えつけ、植え替えが終わったら、
コケをはって仕上げると美しくなります。
新鮮なコケとハサミ、ピンセットを用意しましょう。

1

水で湿らせたコケを適当な大きさにちぎり、茶色い部分の縁を斜めにカットしてから全体を短くカットする。

2

このように、コケをはったときに、茶色い部分が表に見えない状態にする。

3

ピンセットでコケを入れる。木に傾きをつけたりまっすぐ立てたりして位置を固定させる役割もある。

4

すき間を埋めるように、カットしたコケをのせていく。

5

端は、鉢の縁に押し込めるようにして入れる。

6

最後は、細かくちぎった小片をすき間に埋めていく。はり終わったら水をやる。

小さく、美しく育てるための特別なお手入れ

ミニ盆栽は、本来、大きく育つ植物を小さな鉢の中で育てる栽培法です。樹形も葉も小さく育てるためには、いくつかの特別なお手入れが必要です。

4月中旬
モミジの芽摘み

春になると小枝に新芽が出てきます。2芽目が出てきたら、先に出ている1芽目を残して2芽目（勢いの強い先端の芽）を摘むのが「芽摘み」で、雑木（落葉樹）全般に行います。これを摘むことで小さい葉が出て、節が短く、間伸びしていない美しい樹形になります。

Before → After

1芽目が開き、2芽目が伸びてきたら、この新芽をハサミか手で摘みます。これを行うと、2芽目が伸びないので間伸びせず、上に伸ばす力を抑えることで樹木に威勢が出て、ほかの枝の生長の助けにもなります。新芽が伸びすぎないうちに摘むのがポイント。

6月頃

カエデの葉刈り

「葉刈り」とは、葉がひととおり出揃ってかたくなったときに、その葉を刈ること。これにより、小さくサイズのそろった葉を出し、次の芽出しから枝も多く出ます。強い枝葉を刈ることで樹勢が抑えられ、新しく出た小さな柔らかい葉が美しい紅葉になります。

Before　→　After

葉刈りは、カエデやケヤキなどの樹勢の強い品種でのみ行い、少しだけ茎を残して、ハサミですべてカットします。葉をすべて刈ることは、植物にとっては大きな負担となり、病気になりやすくなるので、生長が盛んな時期に、健康な状態で行いましょう。

春・秋

モミジの剪定

モミジなどの雑木は枝葉が伸びる勢いが強いので、伸びてきたら1芽残して剪定します。時期は春と秋に行いますが、春に剪定すれば、秋の剪定はそれほど必要ありません。

Before　→　After

5月〜9月

ヒノキの芽摘みと剪定

マツ・ヒノキ類の中でも、ヒノキ、シンパク、スギ、トショウは「芽摘み」をします。ヒノキの場合は、葉の先端から伸びてきた黄緑色の新芽の先を手で摘みます。芽摘みをすることで、次に出てくる葉が小さくなり、全体をコンパクトに仕立てられます。

Before → After

伸びすぎてしまった葉は2〜3芽を残してカットします。剪定の時期は9〜10月。

新芽は次々に出てくるので、出る間はずっと、こまめに摘み続けます。

After

4〜10月

スギ、トショウの芽摘み

黄緑色の新芽が房のように出てくるので、その葉が開かないうちに先端を摘みます。スギやトショウは特に萌芽力が強く、芽は次々に出てくるので、こまめに摘みましょう。摘むことで、小さく柔らかい葉が出てきて、葉数も増えます。

新芽は手で摘んでもよいですし、ピンセットでも簡単に摘めます。

After

5月初旬

アカマツ、クロマツの葉すぐり

春になって新芽が出てきたとき、新芽の下の葉を3〜4枚残して取り除くことを「葉すぐり」といいます。この「葉すぐり」と「芽切り」（p.46）をセットで行うことで、その後に出てくる葉のサイズが小さくなります。これを「短葉法」といいます。

クロマツやアカマツの葉は1つの袴に2本生えているので、それを3〜4枚残して、下の葉を手で取り除きます。アカマツはクロマツよりも2〜3週早めに行います。

6月頃

アカマツ、クロマツの芽切り

勢いの強い1番芽を切って小さな2番芽を出させることで、芽の数を増やし、芽が出るタイミングをそろえます。芽を切ると樹勢が弱くなるので、その前と後に肥料を施して力をつけておきます。葉が柔らかいとき、葉数が少なく元気のないときはやめましょう。

Before

→

After

枝数、芽数の少ないものは、芽切りは2回に分けて行い、1回目と2回目は1週間くらい空けます。1回目は弱い新芽、2回目は強い新芽をカット。弱い芽のほうがその後の芽が出るのに時間がかかるので、強い芽を後に切り、芽が出るタイミングをそろえます。アカマツはクロマツより2～3週早めに行います。

その後……

新芽が出る

2番芽が出てきた状態。1番芽よりも小さく、芽数も多くなります。同じサイズの芽を2芽残し、その他はかいて取り除きます。

古葉を取る

新芽が伸び、葉がかたくなってきたら、昨年の古い葉は取り除きます。

第２章

ミニ盆栽 人気植物

花や実を楽しむものから草姿を楽しむもの、紅葉など葉を楽しむものまで、ミニ盆栽の人気の品種をご紹介します。何十年もかけて作った「曲げ」の枝ぶり、年代を感じさせる細くてもしっかりした幹肌、四季による変化、鉢との組み合わせなど、見どころは満載です。

サクラ

バラ科　サクラ属　落葉樹

主な開花時期は、3月中旬〜4月中旬。花後は、花がらを根元から切ります。
その後、伸びてきた枝を5月中旬〜月末までに剪定し、樹形を整えます。
梅雨時から夏にかけて、来年の花芽ができるので、7月以降の剪定は避けましょう。
真夏と真冬を避けて、肥料を切らさないようにすることが、
来年も花を楽しむためには大切です。葉が大きく蒸散しやすいので、夏の水切れにも注意を。
10月下旬頃には、赤く色づいた美しい紅葉が目を楽しませてくれます（詳しくはp.30-31）。

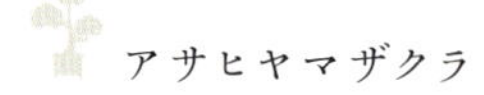

アサヒヤマザクラ

淡紅色の八重咲きの花を、毎年多くつけます。花のつきやすさから、一才桜（イッサイザクラ）とも。コンパクトで育てやすく、流通量も多いので、初心者におすすめの品種です。

オカメザクラ

富士山周辺から箱根を中心に分布する原種の1つであるフジザクラ（別名マメザクラ）と、カンヒザクラの交配種。小さな紅色のひと重の花を下向きに咲かせます。

コジョウノマイ

フジザクラの仲間で、富士山近隣で発見された、雲竜矮性品種。雲竜とは、うねるように枝を折り曲げながら育つ性質のこと。くねくねと伸びる細い枝は、樹形に変化を生みます。

シドミ

バラ科　ボケ属　落葉樹

別名はクサボケ。枝が上に伸びるボケと違い、枝が横に広がり、草状に立ち上がる姿から、そう呼ばれるように。枝には、小枝が変化したトゲがところどころにつきます。花期は3～5月で、花は朱色の一重が基本。実をつけると樹が疲れるので、花後は花がらを摘み取ります。枝はそのまま伸ばし、お盆のころに短く切り戻すと、翌年の花芽が作られます。

チョウジュバイ

バラ科　ボケ属　落葉樹

クサボケの変種。四季咲き性もありますが、主な開花は春。花は紅色が一般的ですが、白花も。花後は花がらを摘み取ります。年に数回、自然落葉しますが、すぐに新芽を出します。水切れや肥料不足でも葉は落ちます。8月下旬に花芽のつく短枝は残し、徒長枝は2～3芽残して切り戻します。ひこばえが出たら、元から切ります。

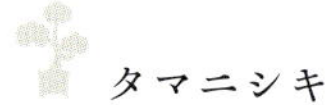

タマニシキ

白地に、朱紅絞りの花が咲く品種。東京・多摩地区に自生していたのが、名前の由来です。紅白の咲き分け加減は、ばらつきがあります。

白花種

白花種の開花は春のみで、秋には咲かないことがほとんど。つぼみは緑がかっていますが、開花するにつれて白く変化していきます。

ツバキ

ツバキ科　ツバキ属　常緑樹

厚くて艶のある常緑の葉は美しく、1〜3月の寒い時期に開花します。花はポトンと丸ごと落ちるのが特徴です。剪定や植え替えは、5月中旬頃に行います。写真は淡いピンク地に、淡い紅色のぼかしが入った、一重のスキヤツバキ。花も葉も小ぶりで上品です。枝がくねくね折り曲がる雲竜性で、趣があります。

チャノキ

ツバキ科　ツバキ属　常緑樹

ツバキの仲間。10〜12月にツバキを小さくしたような白い花が咲き、茶花として親しまれています。剪定は、芽が吹く前の5月頃が適期。切る位置は好みで構いませんが、短く刈り込んでも大丈夫です。その後芽吹いて、夏頃、花芽をつけます。午前中は日が当たり、午後の強い日は当たらない場所に置いて。冬は霜で枯れないよう、軒下に移動させます。

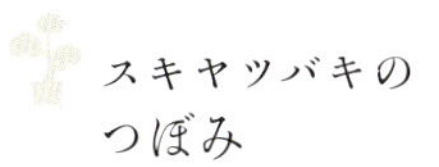

スキヤツバキのつぼみ

1月中旬から咲き始めます。ツバキ全般に言えることですが、もし開花しないなら、力不足の状態。液肥を与えると、開花が促されます。

チャノキの花

長い雄しべが印象的で、うつむき加減に咲きます。白い花が大半ですが、銅葉で薄紫色の花もあり。ユキツバキと自然交配したロビラキは、淡いピンク色の花が咲きます。

コウチョウギ

アカネ科　ハクチョウゲ属　常緑樹

小さな卵形の葉は愛らしく、繊細な枝に薄紫色の花が咲きます。
咲き進むと、白くなることも。四季咲き性で、花つきはよいです。
生長が早く、萌芽力も旺盛で丈夫なので、春～秋の生長期なら剪定はいつでもOK。
樹形を考え、1芽でも2芽を残しても。また、生長期には水揚げも盛んなので、
水切れに注意を。肥料を好み、肥料を与えるとよく開花します。
植え替えは生長期の間なら可能ですが、基本は春。根を切ると、かすかに香ります。

一重咲きと八重咲き

花は一重咲きと八重咲きがあります。両種の扱いは同じでOK。日当たりと風通しのよい場所を好みますが、ある程度の日陰でも育ちます。冬は寒風を避けた場所で管理します。

サルスベリ

ミソハギ科　サルスベリ属　落葉樹

漢字で百日紅と書くとおり、7～9月まで咲き続けます。新しい枝に花芽がつくので、新葉が5枚ほど伸びきった段階で1芽残して切ると、短めの枝で花を楽しめます。9月頃、花がらごと枝を1～2芽残して切り戻し、樹を休ませます。水を好み、日当たりと風通しが悪いと病気になりやすい。冬は室内か軒下に移動させます。

ユキヤナギ

バラ科　シモツケ属　落葉樹

4月、枝いっぱいに純白の小花をつけ、春の訪れを告げます。剪定は花後。古い株は自然と弱るので、直線的な太い枝や古枝を元から切ります。刈り込むことで株が若返り、枝も更新するので、枯れ枝は取り除きます。植え替えは秋。浅鉢に植えると徒長枝が出にくく、柔らかな枝ぶりに。ひこばえを生かした、自然な株立ちを楽しみます。

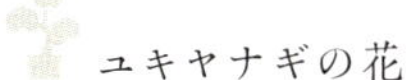

ユキヤナギの花

5弁の花びらをもつ、一重の花。白のほかピンク色も。9～10月頃に、翌春の花芽をつけ始めるので、それ以降の切り戻しは避けます。基本的に、花後に一度剪定したら、切り戻しは必要ありません。

サルスベリの花

花も葉も小さいヒメショウのサルスベリ。フリルの入った花は、華やかで存在感があります。色は、ピンクの濃淡、白など。名の由来となった、猿も滑り落ちそうな、なめらかな幹肌も魅力。

ミニバラ

バラ科　バラ属　落葉樹

矮小種のバラのこと。極小輪から中小輪の花を咲かせ、春から秋まで咲く四季咲き性が大半です。
花後は、株全体の半分まで切り戻しても大丈夫。新芽が出て、次の花がつきやすくなります。
花が咲く分、肥料も必要に。開花期間中は、肥料を絶やさないことが大切です。
休眠期前の10月頃には置き肥を施します。
病害虫もつきやすいので、水やりのときにチェックし、早めの対応を。
長雨に当たると、病気になりやすいので、軒下に移動するとよいです。

ミニバラの花

花色は、ピンクや白など豊富で、一重咲きや八重咲きなど咲き方もいろいろです。樹形も直立性や横張り性などがあります。夏の強い日差しや高温は苦手なので、木陰で管理。水を好むので、夏は1日に3〜4回水やりします。

スノキ

ツツジ科　スノキ属　落葉樹

関東地方以西の本州から四国の山地に自生する、ブルーベリーの仲間。葉や実を噛むと酸っぱいことから、スノキ(酢の木)と命名されました。開花は5～6月。花は、写真のように細長い形状のものや、丸くて小さな鈴状のものも。秋にピンクがかった紅色に紅葉する姿も美しい。花後伸びた枝は、真冬以外なら好きなところで剪定できます。

ウツギ

アジサイ科　ウツギ属　落葉樹

枝の芯が空洞である「空木(ウツギ)」に由来し、卯月に咲くことから「卯の花(ウノハナ)」という別名も。開花は5～6月で、枝先に1cmほどの白花を咲かせます。本来は、地際から枝をたくさん伸ばして大きく茂るため、花後はそのままで大丈夫。伸びすぎた枝は、7月中旬までに切り詰めます。八重咲きやピンクの花、斑入り種など種類は豊富。

スノキの花

5～6月。前年の枝先に、短い総状花序を出し、1～4個の花を下向きにつけます。緑がかった釣り鐘形の白花には赤筋が入り、先端が5裂します。雄しべは10本。

ヒメウツギ

日本原産の小型のウツギ。花は純白で、ウツギの特徴である、葉に生える毛は少ない。枝は3～4年で株元から枯れ、そのたびに更新します。

ヒメシャガ

アヤメ科　アヤメ属　多年草

小型のアヤメで、風通しのよい明るい日陰を好みます。地上部を枯らして越冬し、春になると淡い緑色の細葉を多数出し、やがて葉の間から花茎を伸ばして先端部に花をつけます。開花は5～6月。水辺に生育する植物なので、水切れに注意します。根茎は横に這って殖えるため2～3年に一度、植え替えと同時に株分けを。2～3月が適期。

コマクサ

ケシ科　コマクサ属　多年草

荒れ地に咲く姿から「高山植物の女王」と讃えられる、人気の植物。繊細な葉は白粉を帯びています。開花は5～7月。花後、実が熟すと花茎は枯れます。可憐な花とは対照的に、根は長くて丈夫。植え替えの適期は2～3月。主根を傷つけないようにし、根は1/3ほど切り捨てます。暑さに弱いので夏は遮光し、冬の間も水をやり続けます。

休眠期と花

冬に地上部は枯れますが、株元に新芽を宿します。根は生きているので、定期的に水やりを。花色は、白や紫。

コマクサの花

花色は、白、ピンク、赤。花弁は4枚で、2枚ある外弁は、袋状で反り返ります。漢字で書くと駒草で、咲く寸前の花の形が、馬（駒）の顔に似ているのが名前の由来。

オダマキ

キンポウゲ科　オダマキ属　多年草

日本原産のミヤマオダマキと、ヨーロッパ原産の西洋オダマキがあります。
品種は多く、花色も白、紫、ピンク、黄色など多彩で、八重咲きも。開花は5～8月。
冬になると地上部は枯れて根の状態で越冬し、春に花茎を伸ばします。
多年草ですが、3年ほど育てると老化で弱ってきます。タネをとってまくか、
3月頃に株分けし、株を更新します。日なたを好むものの、
夏の日差しは葉を傷めるので、午後は遮光し、風通しのよい場所で育てます。

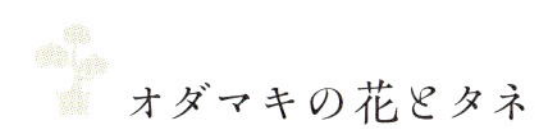

オダマキの花とタネ

花を下向きにつけるのが特徴。花の外側はガクで、花は内側の筒状の部分。花後、そのままにしておくと、茶色くなり、タネができます。こぼれダネでも殖えます。

カラマツソウ

多年草

キンポウゲ科　カラマツソウ属

夏を知らせる花とされ、品種は多い。カラマツの葉に似た形の花を咲かせることから、この名に。
早春に芽吹き、長い茎の先端に花をつけ、開花は5～8月。
花後1～2か月でタネが実って落ちます。
秋の後半には葉も色づき、地上部は枯れて休眠期に入ります。
葉焼けを起こさないよう、夏は風通しがよく、午後の日差しが当たらない場所に。
植え替えは3月頃が適期です。

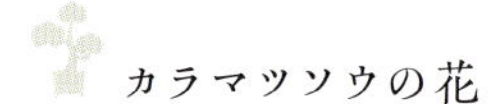

カラマツソウの花

細い糸状の小花が一般的ですが、八重咲き種もあります。花色は、白や薄紫。花びらはなく、花に見えるのは、雄しべの集まりです。繊細な葉も美しい。

イワウチワ

イワウメ科　イワウチワ属　常緑多年草

葉の形が団扇に似ていることから、「岩団扇（イワウチワ）」と名づけられました。春先に、地際から生える葉の脇から花茎を伸ばして開花するため、春の使者という花言葉も。常緑の葉は厚く光沢があり、寒くなると美しく紅葉し、暖かくなると再び緑色に戻ります。湿った場所を好むので、水枯れと夏の高温に注意しましょう。

ツワブキ

キク科　ツワブキ属　常緑多年草

長い軸をもつ円形の葉は厚く、表面には光沢があり、常緑。日陰でも育ちます。本来は大きくなりますが、小さな器で育てると葉も小さくなります。秋から冬に地際から花茎を伸ばし、キクに似た黄色い花を10～12月に開花。葉は変化に富み、葉が縮れているちりめん（写真上段）や葉の縁が大きく波打つシシバなど多彩です。

イワウチワの花とつぼみ

花びらの縁に切り込みがあり、花色は淡いピンクのほか、白や濃い紅色も。ランナー（親株から出た茎が地表を這って伸び、芽や根が生じて子株になる）で殖えます。

鬼面（キメン）

葉が厚くて縮れが強い品種。ツワブキの新芽は、茶色の綿毛に包まれていますが、生長すると取れていきます。

タツタソウ

メギ科　タツタソウ属　多年草

落葉樹の下など、明るい山地に生息。春に芽を出すと花茎を伸ばし、
4月頃に深紅色のハスの葉に似た葉を開くと同時に、藤紫色の花を上向きに咲かせます。
花は1茎に1花で、葉も1茎1葉。葉柄は花の終わり頃に伸び、緑色の葉が大きく広がります。
秋に翌年の芽を株元に作ると、葉は枯れ、冬芽の状態で休眠。
枯れた古葉は取り除きます。
株が大きくなったら、真冬を避けて株分けしましょう。

新芽

3月頃に赤紫色のかわいらしい新芽が出ます。冬の間は、株が傷むこともあるので増し土で覆って防寒し、寒風や霜を避けること。休眠中も根は乾燥を嫌うので、定期的に水やりします。

イカリソウ

メギ科　イカリソウ属　多年草

約20種あり、冬に葉を落とすものや葉が残るものなどがあります。花色もピンク、白、黄色と多彩。春に葉と同時に花茎を出し、開花。葉はカサカサとした紙質で、裏面に毛があります。「三枝九葉草（さんしくようそう）」という別名通り、葉は3つに枝分かれした先に3枚つきます。夏は明るい日陰に、冬は寒風を避けた場所に移動を。こぼれダネで殖えることもあります。

アオネカズラ

ウラボシ科　エゾデンダ属　多年草

櫛のような切れ込みのある葉が特徴的な、シダの仲間です。夏に落葉し、冬に常緑の葉を展開する性質で、自生地では樹幹や岩壁に着生しています。長く横に這う肉厚な根茎が、鮮やかな緑色をしていることから「青根葛」と命名されました。地上部に出てきた根茎を切り取り、土に挿すと殖やせます。日陰の湿った場所を好むので、置き場所に注意。

イタドリ

タデ科　ソバカズラ属　多年草

日本各地に自生し、本来は高さ2mになります。11月頃に地上部は枯れますが、冬の水やりを忘れないように。繁殖力が非常に旺盛で、春になると地面から若い茎が伸びてきて、山菜として利用されます。かじると酸っぱい。茎の中は中空で表皮には赤い斑点があり、若葉も赤みを帯びています。7～10月に白い小花を穂状につけ、こぼれダネで殖えます。

マユミ

ニシキギ科　ニシキギ属　落葉樹

雌木と雄木があり、実を楽しむには両方を育てます。
花が咲く5～7月は近くに置いて受粉を促します。
花に雨が当たると受粉しにくくなりますが、水を好むので水切れに注意。
肥料不足だと、実つきが悪くなるので、気をつけて。
芽出し前の2月頃に剪定し、樹形を整えます。
秋になると、緑からピンク色に紅葉する姿もかわいらしい。

実の変化

受粉すると緑色の実になり、やがて11月頃に赤く色づきます。熟すと割れて、中から紅オレンジ色の仮種皮（かしゅひ）に覆われたタネが出現。実の色がピンクや白の種類も。12月中か、遅くとも1月には実を摘み取り、樹を休ませます。

ツリバナマユミ

枝先の長い柄に垂れ下がる実は大きく、直径約1cm。秋に赤く色づいた実が5つに割れ、中からオレンジ色のタネが現れます。育て方はマユミと同様で、真夏は葉焼けを防ぎますが、雌雄同株なので、1株で実がなります。

フウリンツリバナ

果実に4つの翼のようなものが張り出しているのが特徴です。名前も、風鈴のように垂れさがっている姿に由来。熟して実が4つに割れると、オレンジ色のタネが出現。雌雄同株です。

キンズ

ミカン科　キンカン属　常緑樹

キンカンの仲間。1株で実がなります。開花は6〜8月で、秋からは実が楽しめます。花芽は1〜2月に作られ、春から伸びる枝葉の脇につきます。枝はそのまま伸ばし、5〜6月に剪定を。2〜3芽残して徒長枝を切り戻し、樹形を整えます。その際に、枝のトゲを切っても樹は弱りません。暖地性の植物なので冬越しが必要です（p.33）。

ハリツルマサキ

ニシキギ科　ハリツルマサキ属　常緑樹

赤いハート形の実がなることから、「ハートが実る木」「ハートツリー」の名でも流通。半ツル性のマサキの一種で、細く鋭いトゲがあるものも。6〜8月に白い小花が咲き、7月頃から結実。両性花ですが、株の数が多いと受粉しやすい。春から伸びた枝を、8月中旬〜下旬に剪定し、樹形を整えます。水を好み、冬越しが必要です（p.33）。

キンズの花と青実

花は白色で、両性花。開花中は水切れに注意し、花に水をかけないこと。秋の青い実が橙色に熟す様子も楽しみ。実は1月中に摘み取りますが、タネを取り、3月頃にまけば発芽します。

ハリツルマサキの実

7月頃の実の色は白っぽいですが、寒くなるにつれて色づいていき、真っ赤なハートに変化していきます。

ヤブコウジ

サクラソウ科　ヤブコウジ属　常緑樹

「十両（ジュウリョウ）」という別名をもち、お正月の縁起物としておなじみ。
開花は6月からで、午前中は日が当たり、午後からは陰るような場所で育てます。
地下茎で横に殖えるので、株は3年ごとに自然と更新されます。
小さい鉢で育てる場合は根詰まりしやすいので、
真夏と真冬を避けて、毎年植え替えします。
ヤクシマヤブコウジのように、実も葉も小さい種類もあります。

ヤブコウジの花と実

夏が近づくと、葉の下の葉脈に、白い小花が下向きに咲きます。花は、雨に当てないこと。花後に、直径5mmほどの球形の実がなり、秋に赤く熟します。実は2月頃まで楽しめます。

ヒメリンゴ

バラ科　リンゴ属　落葉樹

4～5月に白い花を咲かせます。同じ品種同士では受粉しにくいため、開花期にミヤマカイドウの開花株を近くに置くか、人工授粉を。5月頃に1～2芽残して剪定します。日当たりのよい場所に置くと、実はつきやすい。受粉後から夏は水切れに注意し、花に水をかけないこと。10～11月に結実。観賞用のほか、姫国光や長寿紅など食べられる品種もあります。

ヒメリンゴの実

どの実も赤く色づくように、ときどき鉢を回します。2月頃まで実がついていたら摘み取り、樹を休ませます。

ロウヤガキ

カキノキ科　カキノキ属　落葉樹

熟すと黒くなる実をカラスになぞらえて、漢字では「老鴉柿」と書きます。雌雄異株のため雌木と雄木を育て、4～6月の開花中は近くに置きます。受粉時期が長雨と重なるときは、軒下に移動させます。剪定は、芽出し前の2～3月と5月。長い枝を短枝の上か、枝元から2芽残して切り戻します。ひこばえも元から切ります。

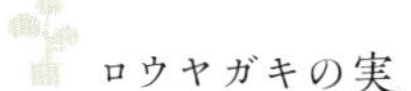

ロウヤガキの実

実は赤やオレンジ、丸やひょうたん形など、種類豊富。9月中旬から緑色の実がなり始め、やがて色づきます。落葉後も実は残りますが、茶色くなったら摘果し、樹を休ませます。

ウメモドキ

モチノキ科　モチノキ属　落葉樹

葉が梅の葉に似ていることが名前の由来です。雌雄異株でありながら、
風媒花（風で飛んできた花粉で受粉する）なので、雄木が近くになくても受粉します。
開花は5〜6月で、結実させるには、花を雨に当てないことが大切です。
春に葉が4〜5枚出たら、2芽残して剪定します。
根の生長が早いので、夏の水切れには気をつけて。
また、根詰まりしやすいので、毎年3月には植え替えます。

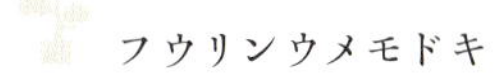

フウリンウメモドキ

ウメモドキの仲間で、長い柄の先に赤く熟した実がぶら下がる姿を、風鈴に見立てたもの。5〜6月、長い柄の先に白い小花が咲きますが、実をつけるには、雌木と雄木が必要です。

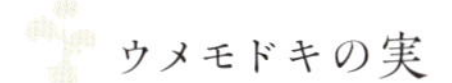

ウメモドキの実

小さな赤い実をたくさんつけます。白い実をつける品種も。実の観賞期間は長く、葉のある時期と、落葉後では趣が異なります。1月頃、実にシワが寄ってきたら摘果します。

イワツルウメモドキ

ニシキギ科 ツルウメモドキ属
落葉樹

ツルウメモドキの変種で、幹が岩を思わせる風合いに趣が。雌雄異株なので雌木と雄木を育て、開花期の5～6月は近くに置きます。黄緑色の小花は目立ちませんが、9月頃から橙色の実がつき、晩秋には実がはぜて朱赤のタネが出現。2～3月には、長く伸びた小枝を2～3芽残して切り戻します。

コムラサキシキブ

シソ科 ムラサキシキブ属 落葉樹

6～7月に淡紫色の小花を咲かせ、9～11月には上品な紫色の実を楽しめます。1株で実はなります。枝は長く伸びるので、5月上旬に1～2芽残して切り戻し、脇芽を吹かせます。花芽はそれからできるため、脇枝に花も実もつきます。根の生長が早く、水切れには注意しましょう。寒さに弱いので、冬は暖かい軒下に移します。

イワツルウメモドキの実

秋の深まりとともに実が黄色く熟すと、果皮が3つに裂け、中から朱赤の仮種皮（かりしゅひ）が現れます。実は鳥に狙われないよう、対策を立てて。

コムラサキシキブの花と実

葉のつけ根部分につぼみがつき、花は上向きに咲きます。花後に球形の実をつけ、秋に紫色に色づきます。

シタン

バラ科　シャリントウ属　落葉樹

春の芽吹き、初夏の花、秋の実と紅葉で、四季折々に楽しませてくれます。
芽出し後は徒長枝が出やすいので、2〜3芽残して剪定します。
開花は5〜6月。花はよく咲き、雌雄同株なので1株で実もよくなります。
秋にも剪定し、樹形を整えます。実の観賞期は11〜12月。
あまりにも実が多くついている場合は、1月頃に摘果し、樹を休ませます。
紅葉後も葉は長く残るので、完全に落葉するまでしっかりと水やりしましょう。

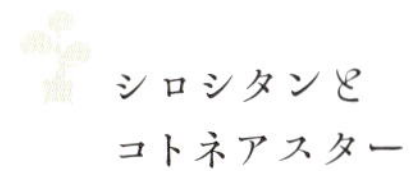

シロシタンとコトネアスター

花も実もつきがよく、赤い小粒の実が愛らしい。白い花が咲く、シロシタン（写真上段2点と下段右）には小葉性もあります。コトネアスター（下段左）もシタンの仲間。

ピラカンサ

バラ科　トキワサンザシ属　常緑樹

赤い実のトキワサンザシと、橙色の実のタチバナモドキを総称した呼び名です。いずれも5～6月に開花し、丈夫で花はほとんど実になります。実の観賞期間は10～12月。2月頃に徒長枝を切り詰め、短枝を残すように剪定します。鋭いトゲがあるので注意。日当たり、風通しのよい場所で育て、水もたっぷりやりましょう。

セイヨウカマツカ

バラ科　アロニア属　落葉樹

4～5月に白い小花を咲かせ、秋には赤い実と紅葉を楽しめます。丈夫で折れにくく、鎌の柄に使ったことが名の由来。花後に新芽を1～2芽残して摘み、5～6月には徒長枝を切り戻して短枝を増やし、花芽をつきやすくします。写真のような1本仕立てもありますが、ひこばえが出やすいので木立のような風情も味わえます。

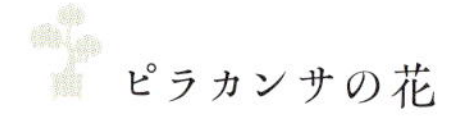

ピラカンサの花

初夏、放射状に伸びた枝先に白い小花が群れるようにつき、開花するとコデマリのような半球状の姿に。病害虫がつきやすく、実は鳥が好むので注意が必要。

セイヨウカマツカの実

光沢のある赤い実は、10～11月が見ごろ。実はつきやすいので、多すぎたらバランスを見て摘果します。

メギ

メギ科　メギ属　落葉樹

地際から多数の枝を出し、株立ちになります。
葉や樹皮を煎じて洗眼に用いたのが目木の名の由来。別名「コトリトマラズ」と呼ぶほど、枝に鋭いトゲも。
4月頃の芽出しの愛らしさも魅力のひとつで、緑葉が多いものの、銅葉や黄葉などもあります。
その後すぐにつぼみがつき、4～5月に黄色い小花を下向きに咲かせます。
葉は生長するにつれ、いずれも緑色に変化し、秋にはきれいな紅葉が楽しめます。
花後につく俵形の実は、10月頃に赤く熟します。徒長枝が出てきたら剪定します。

メギのつぼみと実

芽吹き後についたつぼみ（写真下段右）は銅葉とのコントラストが美しい。翌年の花芽は7月までに作られるので、花を楽しむなら6月までに剪定し、樹形を整えておきます。落葉後も実は残ります（下段左）。

モミジ

カエデ科　カエデ属　落葉樹

春の芽出し、夏の青葉、秋の紅葉、寒樹の枝ぶりと、
季節を通じて楽しめる定番樹木です。
新芽が出てきたら1芽残して芽摘みをし（p.42）、樹形を整えます。
紅葉が終わる頃、枝の選別をして好みの樹形にするとともに、
枝を切ることで来年の芽が促されます。
夏の午後は遮光して葉焼けを防ぎ、冬は霜に当てないように注意します。

出猩々（デショウジョウ）モミジ

サンゴガクモミジ

ヤマモミジ

グリーンエメラルド

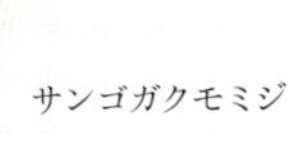

サンゴガクモミジ

ヤマモミジ

ヤマモミジ

シダレモミジ

ヤマモミジ

モミジいろいろ

植物学上はカエデと同じ仲間ですが、盆栽では葉が5つ以上切れ込んでいるものを、モミジと呼んで区別します。紅葉が美しいヤマモミジ、芽吹きが赤い出猩々モミジなどが人気です。

カエデ

カエデ科　カエデ属　落葉樹

葉が3つに切れ込んだトウカエデが代表種。紅葉はもちろん、新緑や落葉後の枝の姿も魅力的。新芽が出てきたら1芽残して芽摘みし（p.42）、樹形を整えます。6月頃には葉刈りをします（p.43）。芽の出る力が強く、徒長枝があれば切り詰めます。紅葉が終わる頃に枝の選別をし、好みの樹形に。夏や冬の管理はモミジと同じです。

カリン

バラ科　カリン属　落葉樹

幹肌がきれいで、およそ樹齢15年以上になると樹皮が鱗片状に剥がれ、いっそう趣よくなります。芽出しが早いので、早春の訪れを感じられる樹です。新芽が出てきたら、2芽残して芽摘みし、樹形を整えます。その後も徒長枝が出たら、切り詰めます。柔らかい新芽も夏を過ぎるとしっかりとした硬い葉になり、美しい紅葉を長く楽しめます。

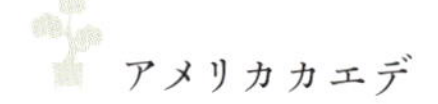

アメリカカエデ

成木の樹皮は灰色で、幹は真っすぐ伸びます。葉は大きめで、緑色から黄色、深紅色へと変化し、紅葉も美しい。

カリンの葉と幹

花や実がつくまでに20年以上はかかるので、艶のある葉を楽しみます。新芽や葉の緑がやや赤みをもつ種類も。幹は硬く、曲げの樹形を作るにはテクニックが必要。

コナラ

ブナ科　コナラ属　落葉樹

うぶ毛に覆われて銀色に輝く春の芽吹きと、オレンジ色に染まる秋の紅葉はひと際美しく、見応えがあります。古くなると幹が銀色になり、時間の経過を感じられるのも魅力のひとつ。生長が早いので、休眠期の3月に不要な枝を剪定し、樹形を整えます。4月頃から新芽が出てきたら、その都度2芽残して剪定すると、樹形は保たれます。

ブナ

ブナ科　ブナ属　落葉樹

白く滑らかな幹肌と、うぶ毛をまとった銀色に光る芽吹きは特に美しい。春の芽吹きは遅いものの一気に伸びるので、2芽残して剪定します。初夏を迎える頃、深緑に変化する葉の移ろいも魅力のひとつ。夏は遮光し、葉焼けを防ぎます。また、水を好むので、夏の水枯れにも注意を。落葉樹ですが、翌年の芽を守るために冬も枯れ葉を枝に残しています。

コナラの紅葉

寒さとともにオレンジ色に色づいた紅葉と、シルバー色の幹肌との対比は、秋ならではの風情。1枚1枚異なる葉のグラデーションも美しい。

シデ

カバノキ科　クマシデ属　落葉樹

アカシデ、カナシデなどの総称です。
ギザギザした縁をもつ葉の表面に走る筋目（側脈）が個性的。
新緑はもちろん、赤や黄色に色づく紅葉は美しく、乳白色の幹も見どころです。
芽吹く前の2～3月、1枝に2つの芽を残して剪定し、樹形を整えます。
新芽が出てきたら2芽残して剪定すると、樹形が保たれます。
夏は遮光し、葉焼けに注意しましょう。

アカシデとカナシデ

アカシデ（写真上段左、下段2点）は、新芽の芽出しが赤く、紅葉も赤いため、この名が。全体に優しい雰囲気です。カナシデ（上段右）は筋目（側脈）の数が多く、くっきりしているのが特徴で、クマシデとも呼びます。葉は黄色く色づきます。

ケヤキ

ニレ科 ケヤキ属 落葉樹

新緑と紅葉が楽しめる身近な木です。新芽が伸び出す4〜8月は芽摘み（p.42）し、5〜6月には葉刈り（p.43）します。写真のようなほうき作りにする場合は、半球状の輪郭からはみ出す徒長枝は切り戻します。病気になりやすいので、日当たりと風通しのよい場所に置いて。新芽の時期の水切れにも注意。根の生長が早いので、植え替えは毎年行います。

ニレケヤキ

ニレ科 ニレ属 落葉樹

見た目がケヤキと似ていて、葉がさらに小さいアキニレを、ニレケヤキと呼びます。幹が太りやすいため、小さくても風格があります。樹形も作りやすく、どこを切っても構わないので、初心者でも育てやすい。4月頃に新芽が出てきたら、2芽残して芽摘みします。その後、芽が伸びたら、2芽残して剪定を。秋になると黄色く色づきます。

チリメンカズラ

キョウチクトウ科 テイカカズラ属 常緑樹

つる性のテイカカズラの矮性種で、照りのある小葉は愛らしく、新緑も、所々が赤く色づく紅葉もきれいです。葉の表面に、ちりめん状の凹凸があるのが特徴。丈夫で萌芽力が強いため、5〜6月に刈り込むことで葉数を増やし、こんもりとした樹形が楽しめます。冬は霜に当てないようにしましょう。

斑入り種

斑入り種のほか、黄色い芽吹きの種類もあります。地際から何本も出る細枝の動きを生かした仕立ても愛らしい。

ナンテン

メギ科　ナンテン属　常緑樹

「難転」に通じる名前から、お正月の縁起物としてもおなじみ。
常緑ですが紅葉が美しく、1年を通して楽しめます。秋に紅葉しない青軸種も。
新芽は春と秋に伸びてきます。剪定はほとんど必要ありませんが、
古くなった葉はハサミで切り落とします。
低く育てたいなら、葉のある部分を2～3節残して枝を切り詰めてもよいです。
寒さに弱いので、冬は霜に当てないようにします。

オカメナンテンとキンシナンテン

葉にボリュームがあり、秋から冬の紅葉がひと際鮮やかなのが、オカメナンテン（写真上段右）。葉が細く糸状になるのが、キンシナンテン（上段左、下段すべて）です。ほかにも品種は多数あり。

ナツハゼ

ツツジ科　スノキ属　落葉樹

ブルーベリーの仲間で、ウルシ科のハゼとは別種。
夏頃から赤みを帯びて、秋には深紅のバラのような濃い赤の紅葉が楽しめます。
春、新芽が伸び出したら、2芽残して芽摘みします。
5～6月にスズランのような釣り鐘状の白い小花を枝先に咲かせ、秋には黒い実がなります。
実は可食できます。8月中旬頃に剪定し、樹形を整えます。
酸性土壌を好むので、鹿沼土を混ぜた土に植えるとよいでしょう。

紅葉と冬芽

秋の紅葉や赤い芽をつけた冬姿など、季節ごとに表情を変えます。葉色は日照時間と関係があり、よく日に当てると紅葉がより鮮やか。

ツツジ

ツツジ科　ツツジ属

常緑樹（落葉性品種もあり）

ヤマツツジやサツキなどの総称で、常緑性が多いものの落葉性もあります。
花期は4月中旬～5月中旬で、サツキは約1か月遅れ。
花後すぐに1芽を残して、花がらごと切り取ります。
剪定は真冬以外いつでもできますし、切ったところから芽が出てくるので、
好みの樹形が作りやすいです。鹿沼土のような酸性土壌を好みます。
葉に病害虫がつきやすいので、日当たりと風通しのよいところで育てましょう。

品種いろいろ

サオトメコマチ（写真上段右）やコメツツジ（下段右）は、常緑の極小葉が魅力。ヤクシマツツジ（上段左、下段左）は、細長い葉が個性的です。品種によって、花は色も形も大きさもさまざまです。

メガネヤナギ

ヤナギ科　ヤナギ属　落葉樹

シダレヤナギの園芸種で、くるくるとカールした葉がメガネのように見えることからついた名前。愛嬌のある姿で人気があります。晩秋に落葉し、翌春に新芽が出ます。もともと水辺に生息するので、水を好みます。枝が伸びすぎたら、真冬を除いて好きなところから切っても大丈夫。こまめな剪定は必要ないので、手間がかかりません。

メガネヤナギの葉

葉は、普通のヤナギと同じく笹の葉のような細長い形。表は緑色で、裏は灰色がかっています。

カクレミノ

ウコギ科　カクレミノ属　常緑樹

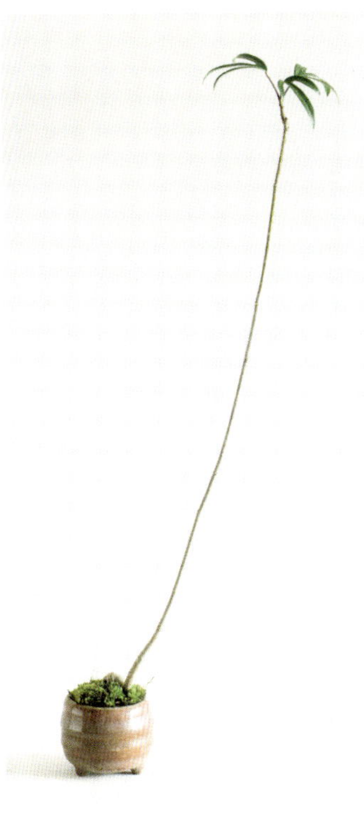

スッと上に伸びていく姿が印象的。若木のうちは葉に深い切れ込みがあり、生長するにつれて切れ込みのない葉になります。その形が、雨具の蓑に似ていることから命名。日陰を好みます。枝が伸びすぎたら、4月下旬～5月頃に適当なところで切り戻すと、新芽が出てきます。冬は霜に当てないように注意しましょう。

オリーブ

モクセイ科　オリーブ属　常緑樹

種類は多くありますが、ミニ盆栽仕立てにするなら、小葉性で節と節の間が短い品種を選ぶとよいでしょう。3～4月に新芽が伸び出したら、1～2芽を残して剪定し、樹形を整えます。日当たりのよい場所を好み、夏の日差しにも強いです。もし、小さい苗の入手が難しい場合は、春に挿し木で育てることができます。

ガマズミ

レンプクソウ科　ガマズミ属　落葉樹

日本の山野に15〜16種自生。4月頃新芽が伸び出したら、1芽残して芽摘みします。秋には赤く色づく紅葉が楽しめます。写真のような小葉性の金華山などが、ミニ盆栽に適しています。通常は真っすぐ上に伸びる性質ですが、曲がりの根を見せた仕立て方で樹形を楽しむことも。

イソザンショウ

バラ科　テンノウメ属　常緑樹

南西諸島などの海沿いに自生し、サンショウに似た照りのある小葉をもつことからこの名に。4〜5月に白い小花を咲かせ、秋には枝先に黒みを帯びた丸い実がつきます。春、新芽が出る前に不要な枝などを剪定し、全体の樹形を整える剪定は秋に行います。

ツゲ

ツゲ科　ツゲ属　常緑樹

葉が小さいため、ミニ盆栽に向いている樹。常緑なので、年間を通して楽しめます。春、新芽が伸び出したら、1〜2芽残して剪定します。その後の剪定は不要なので、手がかかりません。暑さに弱いので、夏は午前中の光は当たっても午後は陰るような場所に置いて育てます。

ミツデイワガサ

バラ科　シモツケ属　落葉樹

葉が3〜5つに裂けているのが特徴。柔らかな葉と、細く曲がる枝に風情があります。5月に咲くコデマリのような白い花はかわいらしい。暑さ寒さに強く、丈夫。花後に直線的な枝を剪定すると雰囲気が和らぎ、花つきもよくなります。ひこばえが自然に生えてくる風合いも美しい。

ハマボウ

アオイ科　フヨウ属　落葉樹

夏に黄色い花が咲くハイビスカスの仲間ですが、盆栽仕立てでは咲きません。縁にギザギザのある丸みを帯びた葉は愛らしく、春の新緑や秋の紅葉など、葉色の変化が楽しめます。大きくなりすぎたら、真冬を除いて好きなところで切り戻せます。冬は霜に当てないように注意を。

ノブドウ

ブドウ科　ノブドウ属　落葉樹

巻きひげで他のものに絡みつく、ツル性植物。白やピンクの斑入り葉もあり、初夏に淡緑色の小花が咲きます。春に新芽が伸びたら1芽残して切り、枝数を増やすとボリュームが出ます。新芽を切らずにツル性ならではの垂れ下がる風情を楽しんでもよいです。伸びすぎたら切り戻します。

イチョウ

イチョウ科　イチョウ属　落葉樹

1cmほどにも関わらず、イチョウの葉の形をした、小さな芽出し葉の愛らしさは格別です。新緑から秋に黄色く染まる紅葉まで長く楽しめます。生育旺盛なので伸びすぎたら11月下旬に剪定し、好みの樹形に整えます。写真は、古くなると枝や幹から乳房状の突起が下垂する、乳イチョウ。

ヒサカキ

サカキ科　ヒサカキ属　常緑樹

緑葉の表面は光沢があり、縁にギザギザがあるのが特徴。2～3月には葉のつけ根に小花を下向きに咲かせます。5月頃から新芽が伸び始め、6月頃に伸びすぎるようなら2芽残して剪定します。花後に実をつけ、11月頃に黒く熟します。冬は霜に当てないようにしましょう。

アカマツ クロマツ

マツ科　マツ属　常緑樹

盆栽の代表格である、アカマツとクロマツ。どちらも1つの袴から2本出る、2本葉です。アカマツ（写真左）は、葉が細くて優しい枝ぶりから、女松（めまつ）という別名も。クロマツ（同右）は、力強い幹や鋭くて固い葉の姿から、男松（おまつ）とも呼ばれます。どちらも育て方は共通で、葉が長く伸びるので新芽が伸びる4～5月に葉すぐり（p.45）し、初夏に芽切り（p.46）をします。その後に2芽残してほかの芽は手で取り除きます（芽かき）。1日5時間以上の日照が必要で、日照不足では葉が細くなります。肥料も好みます。

ゴヨウマツ

マツ科　マツ属　常緑樹

1つの袴から5本の葉が出ることからついた名前です。短くて端正な常緑の葉と、灰白色に荒れた幹肌との調和は独特な味わいがあります。4月中旬～5月中旬頃、新芽が出たら1か所につき2つの芽を残して、ほかの芽は手で取り除きます。その後、新芽が伸び始めたら、勢いの強い芽は上半分を摘み取り、長さを均等にします。

カラマツ

マツ科　カラマツ属　落葉樹

南・北アルプスなど本州中部の標高の高い地域に自生。唯一冬に落葉するマツなので落葉松とも呼ばれます。見どころは、かわいらしい春の芽出し。葉の中心から新芽が出る様子は、まるで花火のようです。4〜5月に新芽が伸びてきたら、1芽残して摘み取り、樹形を維持します。暑さに弱いので、夏は日よけし、風通しのよい場所で育てます。

カラマツの新芽

鮮やかな新芽の芽吹きに春の訪れを感じます。よく日に当てることが大事です。

コメツガ

マツ科　ツガ属　常緑樹

本州の中部以北や四国などの寒冷な亜高山帯に見られる植物です。葉の大きさが米粒のように小さいツガという意味で、この名がつきました。もともと葉が小さくてかわいらしいので、ミニ盆栽で育てるのに向いています。5月中に各枝を剪定し、間伸びを防ぐことで、枝に細やかな表情がつき、趣のある姿になります。

コメツガの葉

淡緑色の葉は艶があり、丸みを帯びています。葉はらせん状に並んでつくのが特徴。

モミ

マツ科　モミ属　常緑樹

自然と円錐形の樹形になり、クリスマスツリーとしておなじみですが、小さい鉢でも育てられます。その場合は、新芽が出たら1/3を残して摘み取ります。芽を摘んで新芽の生長を抑えることで、バランスのよいミニ盆栽に。生長はゆっくりなので、剪定は不要です。冬、緑葉は茶褐色になることもありますが、春には元に戻ります。

ヒノキ

ヒノキ科　ヒノキ属　常緑樹

香りのよい材木として知られる樹です。ミニ盆栽には、枝が細かく葉も小さい八房ヒノキや、葉が縮こまったようなセッカ（石化）ヒノキなどが好まれます。冬に葉は茶褐色になりますが、春には元に戻る様子に季節を感じます。5～9月は芽が伸びるので芽摘み（p.44）を繰り返し、9～10月に剪定をして樹形を整えます。日当たりのよい場所を好みます。

モミの新芽

前年の枝先に、1つあるいは3つの芽がつき、4月頃に新枝が伸びてきます。

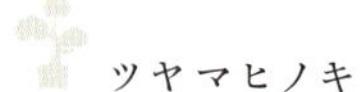

ツヤマヒノキ

細かい葉が出る、「八房ヒノキ」の一種。岡山県津山市で発見されたことに由来する名前で、挿し木による増殖で普及。

シンパク

ヒノキ科　ビャクシン属　常緑樹

幹はねじれるように生長することが多く、バラエティに富んだ樹形作りが楽しめます。春から新芽が絶えず伸びるので、秋まで芽摘み（p.44）を繰り返します。春と秋に、不要な枝を剪定します。茶色くなった古い葉を取り除きましょう。寒さに当たると葉は茶褐色に変化しますが、春になって暖かくなると元の緑色に戻ります。

トショウ

ヒノキ科　ビャクシン属　常緑樹

葉が鋭くとがっていることから「ネズミサシ」という別名も。木質部が堅く腐りにくいので、枯れ枝を生かした仕立てもできます。4〜10月は芽摘み（p.45）を繰り返します。不要な枝の剪定は春と秋に行い、樹形を整えます。寒さに当たると、緑色の葉は茶褐色に変わりますが、春になると元に戻ります。水を好むので、水枯れに注意。

トショウの葉

芽摘みは、新芽が少し伸びてきてからのほうが摘みやすいです。一昨年の古葉を摘むと、脇芽が出やすい。

スギ

ヒノキ科　スギ属　常緑樹

すらりと幹が真っすぐに伸びるのが特徴。一般的なマスギのほか、枝葉が細くこんもりとしている八房性などがあります。春から秋まで新芽が次々と伸びるので、房状のうちに芽摘み（p.45）を繰り返します。真冬を避けて、伸びすぎた枝は切り戻します。常緑ですが、冬に茶褐色となり、春には再び新緑が楽しめます。水を好むので、夏の水枯れに注意しましょう。

イワヒバ

イワヒバ科　イワヒバ属　常緑多年草

岩場などに自生するシダ植物。金華山など斑入りを含め、品種は200以上とも言われており、紅葉も楽しめます。仮幹と呼ぶ、幹のような根の塊の先端から輪生の枝が伸び、うろこ状の葉が分岐しながら広がります。冬は葉を内側に巻いて寒さをしのぐので、水やりは控えめに。夏は水を好み、強い日差しは避けます。

セッカスギ

スギの帯化品種で、漢字では石化杉。奇形で、葉がタワシのように変化する姿を石化と言います（写真下段右）。

第３章

ミニ盆栽アレンジ

雑木や雑草、マツぼっくり、コケなどを使って、ミニ盆栽をさらに楽しむアイディアをご紹介します。クリスマスやお正月など、特別な季節のイベントに合わせて作ってみるのも楽しいです。特別な日には、お部屋の特等席に飾って、愛でてあげましょう。

雑木林を作る

カエデの樹を寄せ植えにして、雑木林を作りましょう。
横長の平らな鉢に5本、位置や傾きなどを考えながら、
バランスを見て並べるのがポイントです。
長く育てるうちに、林のような風格が生まれます。
植えつけは芽が出る前の3月頃が適期。

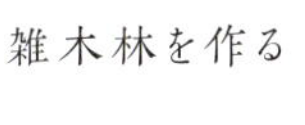

1

カエデの株（5本植えのもの）、赤玉土（小粒）、長方形の平たい鉢、ワイヤー、鉢底ネット、コケを用意する。

2

ポットから株を取り出し、根をほぐす。最初は根に沿って上部から、ピンセットで大まかにほぐしていく。

3

竹串で根をほぐしてから、ハサミで1本ずつの株に分ける。根を引っ張ると傷むので、ハサミで切ること。

4

根についた土を丁寧に取っていく。

5

太い根を切り、なるべく細い根（ヒゲ根）を残して、同じ高さから四方八方に根が出るようにする。

6

鉢に収まる長さに根を切る。片側に根が集中すると、根がある側の育ちがよくなるので、全方向から出るように。

7

鉢底の穴に合わせて、このような形の根止め用ワイヤーを２本作る。

8

鉢底ネットを敷き、ワイヤーを下から入れる。

9

もう1つも同様にし、ワイヤーを鉢に沿わせる。

10

赤玉土を薄く鉢に敷く。

11

植えつける前に、伸びた枝などを切る。根を切った分、なるべく枝も切るとよい。

12

５本をまとめて置き、位置を決める。いちばん大きくてしっかりした木を主木とし、小さくて細い木を１本奥に置くと、奥行きが出る。

13

片手で木を支えながら、赤玉土を入れる。

14

竹串を土に挿して、根のすき間にしっかり土を入れる。

15

ワイヤーを幹の根元でねじって留め、適当な長さで切る。

16

さらにペンチでワイヤーをねじって締め、ワイヤーの先を土の中に入れる。もう1本も同様にする。

17

水をたっぷりとやる。土の上から水をやると水の勢いで木がぐらつくので、鉢の1/3〜半分の高さまで容器に水を入れて鉢底から水を浸すとよい。最後に位置を整える。

18

コケをはって仕上げる。コケは木を固定させる効果もあり、木と木の間に入れて傾きの調整もできる。

雑草の寄せ植えを作る

底に穴の開いたトレイなどに土を入れて屋外に置いておくと
こぼれ種でいろいろな雑草が生えてきます。
これを一部、切り取って植えたのがこの寄せ植えです。
思いがけない草花との出合いを小さな鉢に移して。

1

雑草が混在して生えているトレイ。山野草の種などをまいておいてもよい。知らない草が生えてきたら、しばらく生長を見てから要らないものを抜く。

2

どの部分を使うかを決めて、ハサミで土ごとカットする。

3

バイカオウレン（a）、ヒメトクサ（b）、ヒトツバショウマ（c）を取り出す。土（赤玉土の小粒と桐生砂を半量ずつ）を用意し、鉢底ネットをワイヤーで止める（p.39参照）

4

鉢に入るサイズに根と土を落とす。完全に土を落としきらなくてよい。

5

鉢底に薄く土を敷き、ピンセットで4を押し込むようにして入れる。

6

土を入れ、ピンセットですき間にも土を入れ込む。

7

ヒメトクサの長いものはバランスを見てカットする。

8

いらない雑草はピンセットで丁寧に抜く。

9

ヒメトクサを起こすようにしてコケをはる。自然な姿に見せるため、草の寄せ植えは全面にはらなくてもよい。

コケぼっくりを作る

マツぼっくりの笠の間にコケを詰め込むだけで
なんとも愛らしい、ゆるキャラのようなアイテムに。
小さな木を植え込んで、コケぼっくりを鉢に見立ててもよいですし、
飾りをつけて、クリスマスツリーにしても。

コケぼっくりの育て方

乾いたら水の中に入れてたっぷりと水を含ませます。風通しと日当たりのよい場所に置き、真夏の直射日光は避けること。半年くらいはこの状態で楽しめますが、コケはそのうち伸びてきます。ガラスケースなどに入れておくと乾燥防止に。

1

用意するものはマツぼっくりとコケ。コケはホソバオキナゴケ（ヤマゴケ）やハマキゴケが作りやすい。樹を植える場合は、ケト土と赤玉土を半量ずつ混ぜたものを準備する。

2

クロマツの根の部分を**1**の土で覆う。

3

マツぼっくりの好きな場所に**2**を入れる。

4

まずは、樹の周辺をコケで埋めていく。コケをピンセットで小さくちぎって入れる。

5

ピンセットでコケを入れ、反対の親指で押さえながらピンセットを抜く。

6

笠の奥にコケの茶色い部分を入れて埋めてから、表面にコケの緑の部分をのせる。

7

下から上に詰めていく。下のほうの小さなすき間にもびっしり詰めるときれいな丸い形に仕上がる。

8

笠の先が見える間隔が均等になるように、すき間が狭いところはコケを多めに入れて広げる。

9

水を入れた容器に3分間くらい浸して十分に水を吸わせる。コケが浮いてくるので、笠がしっかり見えるようにコケを押し込む。

お正月飾りを作る

断面に菊のような模様が入った、茶道の世界でも使われる炭「菊炭」。
高級品であるこの菊炭から作られた鉢に、クロマツやヤブコウジ、
タマリュウといった、お正月らしい樹を植えてみました。
紅白の水引をねじってひと巻きし、さりげなく華やかに。

菊炭の鉢について

ここで使用している菊炭の鉢は「増田屋」の「炭花壇」という商品。クヌギの炭を使った高級品で、サイズは大小あります。インターネットからでも購入可能。https://www.masudaya.co.jp/

1

菊炭の鉢（大、小）、クロマツ（a）、ヤブコウジ（b）、タマリュウ（c）、赤玉土（中粒、小粒）、コケ、水引（紅、白）、鉢底ネットを用意する。

2

鉢底ネットを鉢のサイズに切って底に入れる。

3

赤玉土の中粒を底に敷き、竹串を土に差してすき間なく詰める。

4

クロマツの根をほぐして、鉢に入るサイズにする。冬に植えるので、根はあまり切らないほうがよい。

5

背の高い鉢には、格式の高いクロマツを入れる。ピンセットで根を押し込みながら。

6

赤玉土の小粒をすき間に入れる。

7

表面にコケをはる。鉢から出るようにこんもりさせるとかわいい。

8

コケを小さくちぎって、すき間を埋め、最後に水をやる。水引を巻いてでき上がり。

9

ヤブコウジとタマリュウをまとめて小さい鉢に入れる。クロマツと同様に土を入れてコケをはり、最後に水をやる。

soboku
橋口リカ
盆栽家。㈱soboku代表。福岡県出身。盆栽家の祖父と父の影響を受け、幼少の頃より盆栽に親しむ。2000年にコケ盆栽の販売を始め、2001年より銀座「野の花　司」の盆栽教室の講師を務め、2007年に独立。ワイヤーなどは使わない自然樹形の新しい盆栽を提案し、センスのあるミニ盆栽は特に若い女性から高い支持を得ている。現在、盆栽教室やワークショップの講師のほか、盆栽店等での作品の販売・レンタルリース、ガーデニングや造園など幅広く活動。
http://bonsai-soboku.co.jp/

staff
デザイン　天野美保子
撮影　滝沢育絵
取材　山本裕美（第2章）
校正　兼子信子
DTP制作　天龍社
編集　広谷綾子

参考資料／『日本維管束植物目録』（北陸館）
『山渓カラー名鑑　日本の樹木』（山と渓谷社）

四季を楽しむミニ盆栽
手のひらにのる小さな自然

2018年3月13日　第1版発行

著　者　橋口リカ
発行者　髙杉 昇
発行所　一般社団法人 家の光協会
〒162-8448
東京都新宿区市谷船河原町11
TEL 03-3266-9029（販売）
TEL 03-3266-9028（編集）
振　替　00150-1-4724
印刷・製本　図書印刷株式会社

乱丁・落丁本はお取り替えいたします。
定価はカバーに表示してあります。

ISBN978-4-259-56571-8　C0061